Herr Müller kauft für seinen PC einen Drucker zu 151,50€. Außerdem benötigt er ein Kabel zu 10,95€ und eine Farbpatrone für Fotos zu 36,80€. Er bezahlt mit einem 200-Euro-Schein.

Trage hier deine Punkte ein!

Deine Frage: ______________________________

______________________________ 1 P.

Rechnung:

2 P.

Deine Antwort: ______________________________

______________________________ 1 P.

Von 4 Punkten habe ich ____ Punkte erreicht.

Die Rechenaufgaben sind in den Texten versteckt:

Herr Müller kauft **mehrere** Sachen: einen Drucker **und** ein Kabel **und** eine Patrone.

Nimm dir deshalb Zeit, die Texte aufmerksam zu lesen, damit du sie genau verstehst.

Die drei vierten Klassen einer Schule machen einen Ausflug. Die Fahrt kostet für jeden Erwachsenen 6 € und für jedes Kind 3 €. Wie viel Euro kostet die Fahrt insgesamt?

Klasse 4a:	Klasse 4b:	Klasse 4c:
26 Kinder	24 Kinder	23 Kinder
2 Erwachsene	3 Erwachsene	2 Erwachsene

Rechnung:

4 P.

Deine Antwort:

______________________________ 1 P.

Von 5 Punkten habe ich Punkte erreicht.

Tipp!

Wer die Frage kennt, dem fällt die Antwort nicht schwer.

Manchmal enthält der Text schon eine Frage. Bei der Antwort kannst du dann eigentlich nichts mehr falsch machen, wenn du dafür dieselben Wörter nimmst und das „Wie viel“ durch die ausgerechnete Zahl ersetzt.

Eine Grundschule hat bei einem Wettbewerb 30 Tischtennisschläger gewonnen. 2 weitere spendete ein Lehrer. Zu jedem Schläger gehören 3 Bälle. Alles soll an die 8 Klassen verteilt werden.

Deine Frage:

1 P.

Rechnung:

2 P.

Deine Antwort:

1 P.

Von 4 Punkten habe ich Punkte erreicht.

Tipp!

Nachdenken erspart manche Rechenaufgabe.

Manchmal genügt es, nur eine von mehreren Aufgaben zu rechnen, die in einem Text versteckt sind. Die anderen lassen sich durch Nachdenken dann leicht im Kopf lösen!

Von den 508 Pflanzen der 7 Blumenbeete im Park blühten 29 nicht auf.

Deine Frage: ______________________________

______________________________ 1 P.

Rechnung:

1 P.

Deine Antwort:

______________________________ 1 P.

Achtung, wichtiger Tipp!

Nicht jede Frage ist sinnvoll!

Manche Texte verleiten zu Fragen, die man aber gar nicht beantworten kann. Achte auf sinnvolle Fragen und löse die Aufgabe dann mit den passenden Zahlen.

Leonie, Ina und Lars haben sich Kinokarten gekauft. Auf Inas Karte steht die Nummer 6 100. Welche Nummern haben Lars und Leonie?

1 P.

Deine Antwort: ______________________________

____

1 P.

Von 2 Punkten habe ich (Punkte) erreicht.

Tipp!

Wenn du dich im 10 000er-, 100 000er- oder im Millionenraum orientieren willst, helfen dir:

Stellenwerttafel

M	HT	ZT	T	H	Z	E

Zahlenstrahl

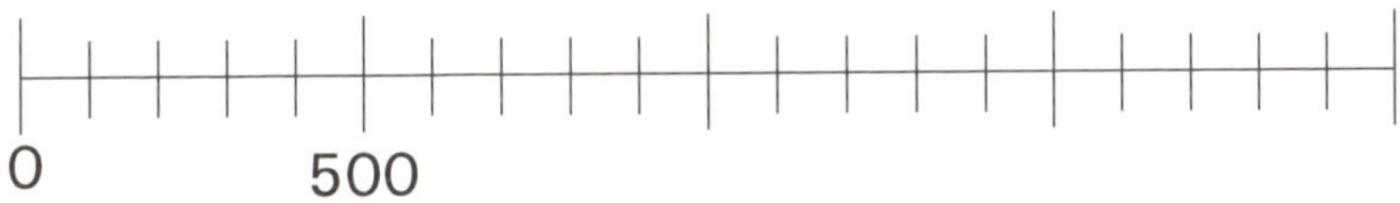

oder Zahlenstrich

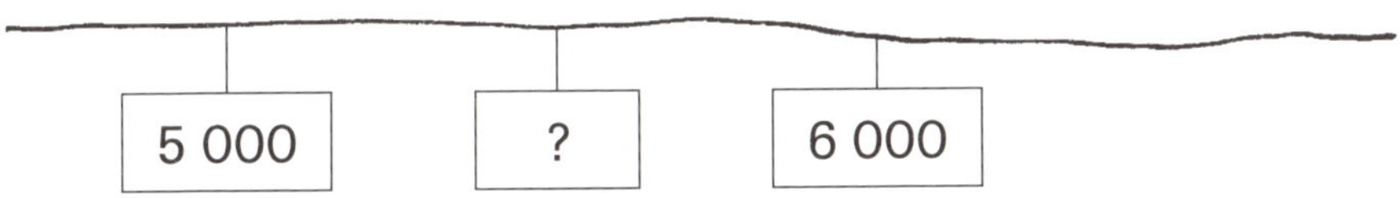

Ralf sieht, dass der Kilometerzähler in Vaters Auto gerade auf 79 500 springt. „Welche Zahl war da wohl einen Augenblick vorher zu sehen?“, fragt Vater.

Deine Antwort: ______________________________________

____ 1 P.

Von 1 Punkt habe ich (Punkte) erreicht.

Tipp!

Zählübungen machen sicher.

Wähle eine 1 000er-, 10 000er- oder 100 000er-Zahl und zähle in 10er-, 50er-, 100er- und 500er-Schritten jeweils einige Schritte vorwärts und rückwärts. Überprüfe deine Ergebnisse am Zahlenstrahl.

Bei einem Pop-Konzert wurden bisher 25 900 Besucher gezählt. Von den Wartenden vor dem Stadion können höchstens noch 200 eingelassen werden.

Deine Frage: ______________________________

______________________________ 1 P.

Deine Antwort: ______________________________

______________________________ 1 P.

Von 2 Punkten habe ich (Punkte) erreicht.

Riesenzahlen:

Große Zahlen sind schwieriger zu überblicken als kleine.
Um sie besser erfassen zu können, kannst du z. B. bei einer Veranstaltung 25 Sitzplätze zählen, dir die Menge als Block einprägen und sie im Kopf so oft zusammenzählen, bis du die Menge des ganzen Saales erfasst hast. Sicher kannst du dann noch abschätzen, wie viele Plätze noch frei sind.

So gewinnst du ein besseres Verständnis für große Zahlen.

Auf dem Flohmarkt hat Lukas 159 Fußballbilder zu je 30 Cent verkauft. Wie viel Euro nahm er ein?

Rechnung:

2 P.

Deine Antwort: ______________________________

____ 1 P.

Von 3 Punkten habe ich (Punkte) erreicht.

Merke dir:

Nullen sind nicht nichts!

Die Multiplikation mit Zehner- und Hunderterzahlen ist so einfach wie mit einer einzelnen Zahl. Achte dabei auf die Stellenwerte und beachte, welche Rolle die Nullen am Ende der Zehner- und Hunderterzahlen für das Ergebnis spielen.

Den Zirkus besuchten am Nachmittag 98 Kinder und 73 Erwachsene.

Deine Frage: ______________________________

______________________________ 1 P.

Rechnung:

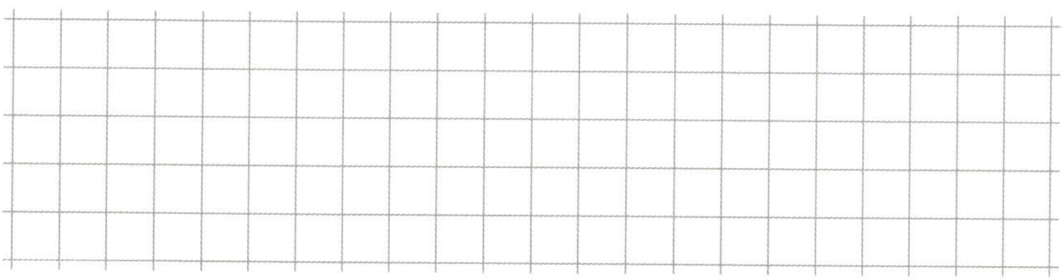

3 P.

Deine Antwort: ______________________________

______________________________ 1 P.

Von 5 Punkten habe ich [Punkte] erreicht.

Tipp!

Nicht nur die Texte liefern wichtige Informationen, sondern manchmal auch Zeichnungen oder Fotos. In solchen Fällen musst du die Informationen sinnvoll verbinden, um sie richtig nutzen zu können.

125 kleine Fernseher wurden zum Sonderpreis von 106 € pro Stück angeboten. 4 Geräte funktionierten nicht. Der Preis wurde zurückerstattet. Bei 6 weiteren Geräten wurde der Preis noch einmal um 10 € gesenkt.

Deine Frage: ______________________________

______________________________ 1 P.

Rechnung:

3 P.

Deine Antwort: ______________________________

______________________________ 1 P.

Von 5 Punkten habe ich (Punkte) erreicht.

Tipp!

Es gibt oft mehrere Rechenwege, die zum richtigen Ergebnis führen. Durch Vorüberlegungen kann man sich lange und umständliche Wege ersparen.

Bei der Multiplikation gilt das **Vertauschungsgesetz**:

So kannst du z.B. $47 \cdot 123$

oder $123 \cdot 47$

rechnen.

Auch bei der schriftlichen Multiplikation gibt es einen kürzeren oder längeren Weg. Probiere es aus!

Die Lehrerin kauft für ihre Klasse eine neue Lektüre, 23 Bände zu je 4,75 €. Wie viel Euro muss sie von den Kindern insgesamt einsammeln?

Rechnung:

1 P.

Deine Antwort: ______________________________

____ 1 P.

Von 2 Punkten habe ich (Punkte) erreicht.

Wohin mit dem Komma?

Bei der schriftlichen Multiplikation von Kommazahlen solltest du vorher eine Überschlagsrechnung durchführen. Dann kennst du das ungefähre Ergebnis.

Bei der schriftlichen Rechnung lässt du das Komma weg. Du rechnest dann z. B. nicht mit Euro, sondern mit Cent.

Bei deiner Antwort fügst du das Komma wieder ins Ergebnis ein. Du wandelst dann z. B. Cent wieder in Euro um.

Vergleiche dein genau errechnetes Ergebnis mit dem Ergebnis deiner Überschlagsrechnung.

Ein kleiner Spatz kommt zum weisen Zauberuhu und fragt: „Wie viele Meter sind es noch bis zu meinem Urlaubsbaum?“ Der Uhu antwortet: „63-mal so weit, wie mein Baum hoch ist, und dann noch 15 cm weniger.“

Rechnung:
(Wandle zuerst alles in cm um. Gib das Ergebnis in m an.)

4 P.

Deine Antwort: ______________________________

______________________________ 1 P.

Von 5 Punkten habe ich (Punkte) erreicht.

Achtung!

Wenn du eine Aufgabe in mehreren Schritten lösen musst, achte genau auf den Text. Er gibt nämlich auch Auskunft über die Reihenfolge der Schritte.

127 Dritt- und Viertklässler stehen bei einer Wanderung vor einer Brücke.

Deine Frage: ______________________________

______________________________ 1 P.

Rechnung:

2 P.

Deine Antwort: ______________________________

______________________________ 1 P.

Von 4 Punkten habe ich (Punkte) erreicht.

Tipp!

Besonders beim Rechnen mit großen Zahlen solltest du Papier mit Rechenkästchen verwenden. Sie sind eine gute Hilfe für stellengerechtes Untereinanderschreiben.

Eine kleine Gruppe von 6 543 Regentropfen verteilt sich gleichmäßig auf 3 Vertiefungen, um Pfützen für die Kinder zu bilden.

Deine Frage:

____

____

____

_______________________ 1 P.

Rechnung:

1 P.

Deine Antwort: _______________________

_______________________ 1 P.

Von 3 Punkten habe ich (Punkte) erreicht.

Tipp!

Wenn du den Text genau liest, weisen dich Signalwörter darauf hin, welche Rechenart du anwenden musst.

Nimm dir besonders bei der schriftlichen Division vor, die Probe mit der Umkehraufgabe zu machen.

Die Überschlagsrechnung gibt dir außerdem zusätzliche Sicherheit.

Marc und Irina stoppten, dass sie von zu Hause bis zur Schule 1 140 Sekunden brauchten. Max konnte sich unter dieser Angabe nun gar nichts vorstellen.

Deine Frage:

1 P.

Rechnung:

2 P.

Deine Antwort:

1 P.

Von 4 Punkten habe ich (Punkte) erreicht.

Tipp!

Größen werden manchmal in einer anderen Einheit angegeben als die, die man gewohnt ist. Dann musst du **umrechnen**.

Die Einnahmen des Schulfestes betrugen 2 476 Euro. Nach Abzug von 218 Euro für Unkosten sollen die 9 Klassen je einen glatten Eurobetrag von dem Geld erhalten.

Deine Frage: ______________________________

______________________________ 1 P.

Rechnung:

3 P.

Deine Antwort: ______________________________

______________________________ 1 P.

Von 5 Punkten habe ich (Punkte) erreicht.

Reste

Nicht immer lassen sich Mengen gleichmäßig oder „gerecht“ verteilen. Es bleibt ein Rest übrig. Aber Achtung! Der Rest darf nie größer sein als die Zahl, durch die du teilst. Denn dann könntest du den Rest ja noch einmal teilen.

Übrigens: Reste können durchaus oft noch sinnvoll verwendet werden. Bedenke das immer, wenn du einen Rest errechnet hast.

Für ein neues Fußballstadion wurden 53 525 Sitzplätze in 6 gleich großen Blöcken geplant. War die Planung gut durchdacht?

Rechnung:

2 P.

Deine Antwort: ______________________________

______________________________ 1 P.

Von 3 Punkten habe ich (Punkte) erreicht.

Tipp!

Wenn du so planen möchtest, dass beim Teilen keine Reste entstehen, können dir Überlegungen zur Teilbarkeit helfen wie z. B. diese: Eine Zahl ist ohne Rest durch 2 teilbar, wenn sie gerade ist.

Marions Eltern möchten ihrer Tochter ein neues Kinderzimmer kaufen. Sie wollen es in Raten bezahlen.

Kaufpreis 987 €

Ratenzahlung:
Bei 3 Monatsraten zahlen Sie insgesamt 1 017 €,
bei 5 Monatsraten 1 025 €,
bei 7 Monatsraten 1 036 €.

Deine Frage: ______________________________

______________________________ 1 P.

Rechnung:

3 P.

Deine Antwort: ______________________________

______________________________ 1 P.

Von 5 Punkten habe ich (Punkte) erreicht.

Tipp!

Beim schriftlichen Dividieren solltest du dich streng an die gelernte Vorgehensweise halten. Sichere dich in jedem Falle durch Überschlagsrechnungen ab, denn manchmal vergisst man, dass es auch in den Ergebnissen Nullen geben kann!

Für die beiden vierten Klassen einer Grundschule werden jeweils 4 Kisten Wasser gekauft. Sie kosten zusammen 10,56 €. In jeder Kiste sind 6 Flaschen. Leila überlegt, wie viel Cent wohl eine Flasche kostet?

Rechnung:

3 P.

Deine Antwort: ______________________________

____ 1 P.

Von 4 Punkten habe ich (Punkte) erreicht.

Tipp!

Kannst du dich noch an Tabellen erinnern? Mit ihnen kann man leicht die Zusammenhänge erkennen, die zwischen 2 Größen bestehen.

Man kann sie waagerecht oder senkrecht anordnen:

Anzahl					
Preis					

Anzahl	**Preis**

Die Tiergehege im alten Tierpark wurden zu klein.
Welche Tiere kann der Laster mit einer Fahrt in den neuen Tierpark bringen, wenn er so schwer wie möglich beladen wird?

Rechnung:

3 P.

Deine Antwort: ____

____

1 P.

Von 4 Punkten habe ich (Punkte) erreicht.

t, kg oder beides?

Für alle Größen gilt:
Findest du in einer Aufgabe mehrere Arten der Schreibung, entscheide dich für eine und rechne alle Größen entsprechend um. Rechenfehler sind dann fast ausgeschlossen.

Beachte die Umrechnungszahlen!

1 t hat 1 000 kg

...

Kolibris brauchen viel Energie. Deshalb nehmen sie täglich etwa die Hälfte ihres eigenen Körpergewichtes an Nahrung zu sich (Nektar und Insekten).

Flügelschlag pro Sekunde: 180 Gewicht: 4 g Verbreitung: Amerika
Es gibt mehrere Arten. Manche erreichen die Größe einer Schwalbe.

Rechnung:

3 P.

Deine Antwort:

1 P.

Von 4 Punkten habe ich (Punkte) erreicht.

Tipp!

Textaufgaben sind oft auch Sachaufgaben.

Von solchen Aufgaben kannst du einige nützliche Dinge erfahren – wie hier über den Kolibri. Natürlich heißt das nicht, dass alle Angaben für die Lösung der Aufgabe wichtig sind. Lies die Frage genau, damit du nur mit den nötigen Angaben rechnest.

Ein Auswanderer fliegt 16 Stunden von Frankfurt nach Perth. Das Flugzeug fliegt im Durchschnitt 872 km pro Stunde (km / h). Von Perth nach Sydney nimmt er ein anderes Flugzeug. Wie viele Kilometer ist er insgesamt geflogen?

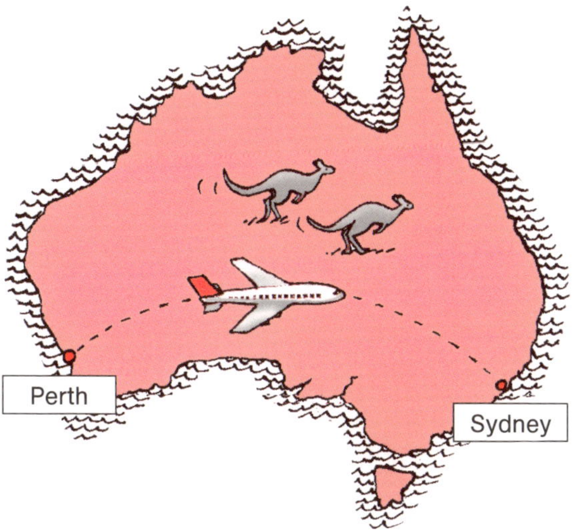

Flugzeit: 4 Stunden bei 804 km / h

Rechnung:

3 P.

Deine Antwort: ______________________________

____ 1 P.

Von 4 Punkten habe ich (Punkte) erreicht.

Was ist ein Kilometer?

Ein Kilometer (1 000 m) ist eine ganz schön lange Strecke.

Vielleicht findest du einmal auf dem Land einen ganz langen geraden Weg. Wenn du den dann 12 Minuten lang ganz zügig (mit Anstrengung) entlangwanderst, hast du ungefähr einen Kilometer geschafft. Schau dich danach einmal um. Hast du einen Freund am Start zurückgelassen, kannst du den Kilometer richtig „sehen“.

„Mein Weg von zu Hause über Schwimmbad, Fußballplatz und Bäcker und wieder nach Hause ist so lang wie der Mount Everest hoch ist“, weiß Uli.

Deine Frage: ______________________________ 1 P.

____

Rechnung: 2 P.

Deine Antwort:

____

______________________________ 1 P.

Von 4 Punkten habe ich (Punkte) erreicht.

Tipp!

Eine Stellenwerttafel ist ein nützliches Umrechnungsinstrument.

km Einer	**m** Hunderter	**m** Zehner	**m** Einer

Die dicke Linie stellt hier das Komma dar, das die Kilometer von den Metern trennt.

Übrigens:
Klar, du kannst im Lexikon nachschauen, wie hoch der Mount Everest ist. Aber deine Rechenfertigkeiten testest du damit nicht. Also überprüfe Ulis Aussage selbst!

Christina freut sich auf ihre Lieblingslimonade, die ihre Mutter gerade mischt. Wie viele Gläser können damit gefüllt werden?

1 Liter Fruchtlimonade
0,250 l Kirschsaft
$\frac{3}{4}$ l Mineralwasser
mit Zitronensaft abschmecken

Rechnung:

3 P.

Deine Antwort: ______________________________

______________________________________ 1 P.

Von 4 Punkten habe ich (Punkte) erreicht.

Tipp!

Lies die Aufgabe gut durch und überlege, was du zur Lösung wissen musst.

Wenn du mehrere Schritte benötigst, achte auf die Reihenfolge.

Überlege, in welcher Maßeinheit du am besten rechnen kannst, und wandle alle Angaben entsprechend um.

Erinnere dich an die Schreibweise von Brüchen:

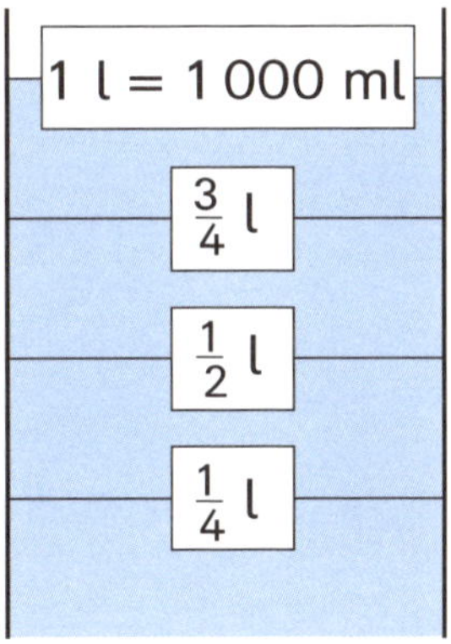

Das arme Krokodil kann sich erst befreien, wenn es den Behälter mit seinen Tränen gefüllt hat. Es schafft 12 ml pro Tag.

Deine Frage: ______________________________

______________________________ 1 P.

Rechnung:

2 P.

Deine Antwort: ______________________________

______________________________ 1 P.

Von 4 Punkten habe ich (Punkte) erreicht.

Tipp!

Weinen brauchst du nicht!

Du kennst jetzt schon so viele Möglichkeiten, eine Aufgabe zu lösen, dass dir diese bestimmt nicht schwerfällt.

Denke daran: Wandle verschiedene Maßeinheiten in eine um, mit der du gut rechnen kannst, z. B. m in cm, l in ml usw.

Frau Schmidt geht mit ihrer 6-jährigen Tochter in ein Café. Dort trinken beide ein Glas Limo: Anschließend fahren sie Ruderboot. Danach bringt sie der Bus zum Theater. Nach der Vorstellung essen sie je ein Stück Pizza.

1 Glas Limo: 85 ct

Erwachsene: 3,30 €
Kinder: 1,80 €

Erwachsene: 1,80 €
Kinder: 0,90 €

Erwachsene: 7,50 €
Kinder: 4,20 €

Stück: 1,50 €

Deine Frage:

______________________________ 1 P.

____

Rechnung: 2 P.

Deine Antwort:

______________________________ 1 P.

____

Von 4 Punkten habe ich ____ Punkte erreicht.

Tipp!

Lass dich durch Aufgaben, die dir leichtfallen, nicht zur Ungenauigkeit verführen. Das Verstehen der Aufgabe und ein richtiger Rechenweg alleine bringen noch nicht die volle Punktzahl. Du musst auch sicher im Rechnen sein.

Versuche, lange Aufgaben zusammenzufassen und vorteilhaft zu rechnen. Kontrolliere noch einmal auf einem anderen Weg.

Eva bringt ihr Sparschwein zur Bank. Sie möchte ihr Geld in möglichst wenige Scheine und Münzen umgetauscht haben.

Rechnung:

2 P.

Deine Frage:

1 P.

Deine Antwort:

1 P.

Von 4 Punkten habe ich Punkte erreicht.

Tipp!

Geld ist wertvoll.

Spielgeld auch. Du kannst damit nämlich gut das Zusammenfassen von Zahlen lernen. Bau dir deine eigene Bank, indem du dir eine Stellenwerttafel aufzeichnest. Dann wird das Umtauschen zum Kinderspiel.

Leas Lieblingssendung ist vor 11 Minuten zu Ende gewesen. Sie fing um 14.20 Uhr an.

Deine Frage: ____

____ 1 P.

Rechnung:

3 P.

Deine Antwort: ____

____ 1 P.

Von 5 Punkten habe ich (Punkte) erreicht.

Tipp!

Ein Rechenstrich kann Zeitspannen sichtbar machen!
Du solltest bei der Wahl einer oder mehrerer Zwischenzeiten allerdings geschickt vorgehen.

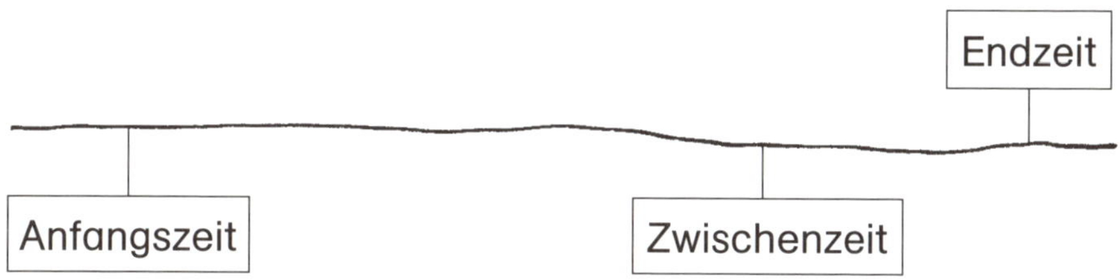

Tim hatte vor 10 Tagen Geburtstag. In 4 Stunden hat seine kleine Schwester Rebecca Geburtstag. Vor wie viel Minuten hatte Tim Geburtstag und in wie viel Sekunden hat Rebecca Geburtstag?

Rechnung:

4 P.

Deine Antwort: ______________________________

____

______________________________ 1 P.

Von 5 Punkten habe ich (Punkte) erreicht.

Tipp!

Sparsam rechnen!

Bei manchen Aufgaben kann man sich den einen oder anderen Rechenschritt sparen, weil man ihn vorher eigentlich schon einmal durchgeführt hat. Wenn du das erkennst, nutze diesen Vorteil!

Ich denke mir eine Zahl, multipliziere sie mit 4, subtrahiere 8, dividiere durch 2 und erhalte 48.
Wie heißt meine Zahl?

Rechnung:

3 P.

Deine Antwort: ____________________ 1 P.

Von 4 Punkten habe ich (Punkte) erreicht.

Rechenoperationen

Sicher kennst du aus der Schule das folgende Modell, das du zur Lösung verschiedener Aufgaben nutzen kannst.

Operationen und Umkehroperationen

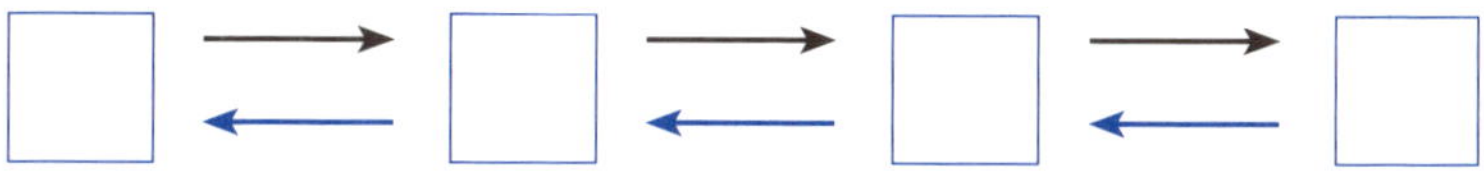

Über die Pfeile trägst du die jeweils geforderten Rechenoperationen (+, −, ·, :) ein und in ein bestimmtes Kästchen die Zahl, die du schon kennst. Alle anderen Zahlen lassen sich dann leicht berechnen.

Vor einer Stunde aß Adriana 3 ihrer Bonbons. Danach bekam sie von ihrer Oma 5 Bonbons geschenkt. Anschließend teilte sie all ihre Bonbons mit ihrem Bruder. Jetzt hat sie noch 7 Bonbons. Wie viele Bonbons hatte sie am Anfang?

Rechnung:

4 P.

Deine Antwort: ______________________________ 1 P.

Von 5 Punkten habe ich (Punkte) erreicht.

Tipp!

Wo sind die Rechenzeichen?

Im Text sind sie natürlich versteckt. Aber das weißt du ja schon. Es muss nicht immer plus, minus, mal oder geteilt heißen.

Manuel spart sein Taschengeld. Wenn er noch 3€ bekommt, hat er einen glatten Eurobetrag, den man ohne Rest durch 6 teilen kann, und der zwischen 40€ und 50€ liegt. Wie viel Euro könnte er im Augenblick haben?

Rechnung:

3 P.

Deine Antwort: ______________________________

____

1 P.

Von 4 Punkten habe ich (Punkte) erreicht.

Tipp!

An diese Zeichen für „größer“ und „kleiner“ kannst du dich sicher noch erinnern. Für deine Überlegungen spielen sie hier eine wichtige Rolle. Wenn du nicht mehr genau damit umgehen kannst, schaue in deinem Mathematikbuch nach.

Es gibt verschiedene Möglichkeiten, wie du für diese Aufgabe deinen Rechenweg gestalten kannst. Wähle immer den Weg, der für dich am besten zu verstehen ist.

Solche Aufgaben können mehr als eine richtige Lösung haben.

Simone hat jeden Monat die gleiche Zahl 2-Euro-Münzen gespart. Nach 5 Monaten hat sie mehr als 25€ und weniger als 50€ gespart. Wie viel 2-Euro-Münzen könnte sie jeden Monat gespart haben?

1. Monat	2. Monat	3. Monat	4. Monat	5. Monat

4 P.

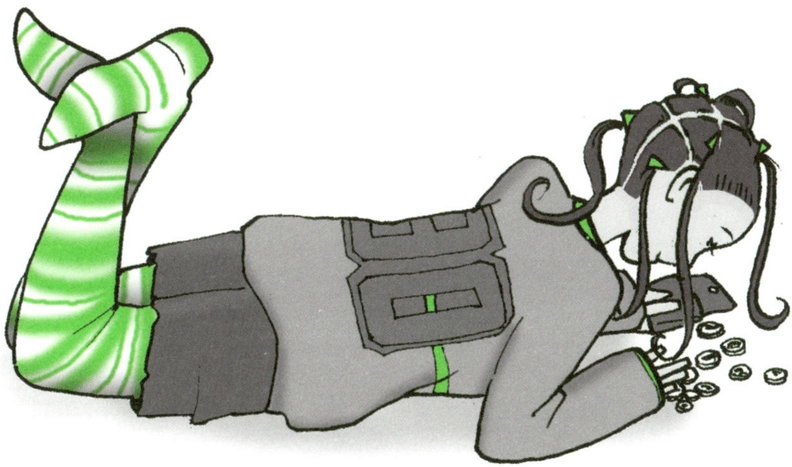

Deine Antwort: ____

____

1 P.

Von 5 Punkten habe ich (Punkte) erreicht.

Tipp!

Wo sind die Rechenkästchen?

Für diese Aufgabe kannst du ruhig auch einmal eine zeichnerische Lösung finden. Die Grafik mit den Monatsblättern könnten dir dabei gut helfen. Probiere es aus.

Das Auto von Herrn Müller verbraucht durchschnittlich 6,4 l Superbenzin auf 100 km. Auf seiner letzten Tour legte er 385 km zurück.

Deine Frage: ______________________________

______________________________ 1 P.

Raum für deine Überlegungen:

5 P.

Deine Antwort: ______________________________

______________________________ 1 P.

Von 7 Punkten habe ich (Punkte) erreicht.

Tipp!

Hier findest du keine Rechenkästchen, da es verschiedene Möglichkeiten gibt, die Lösung zu finden. Auf jeden Fall hilft dir hier die Überlegung weiter: Wenn man für 100 km 6,4 l braucht, dann braucht man für ...
Jetzt bist du dran! Taste dich zur Lösung vor!

Du kannst hier aber auch mit der altbekannten Tabelle arbeiten:

Kilometer	Liter

Peters Vater stellt monatlich 1 980 Ansichtskarten in seinem Betrieb her. Bis zu den Betriebsferien sind es noch 3 Monate und 6 Tage.

(Achtung: 1 Monat wird mit 30 Tagen gerechnet!)

Deine Frage: ______________________________

______________________________ 1 P.

Raum für deine Überlegungen:

3 P.

Deine Antwort: ______________________________

______________________________ 1 P.

Von 5 Punkten habe ich (Punkte) erreicht.

Tipp!

Wenn du den Text so gut gelesen hast, dass du ihn ohne Probleme verstehst, dann wird dir rasch eine sinnvolle Frage einfallen.

Hast du eine klare Frage formuliert, fällt die Rechnung meist gar nicht mehr schwer.

Zwei vierte Klassen machten eine gemeinsame Abschlussfeier. Für jedes Kind wurde ein Trinkpäckchen eingekauft. Aus der 4a nahmen 23 Schüler und 7 Geschwisterkinder teil. Aus der 4b waren es zusammen 40 Kinder. Die Trinkpäckchen kosteten insgesamt 21 Euro.

Raum für deine Überlegungen:

4 P.

Deine Antwort: ________________________________

________________________________ 1 P.

Von 5 Punkten habe ich (Punkte) erreicht.

Tipp!

Für diese Aufgabe ist eine Tabelle wirklich eine gute Hilfe.

Vorüberlegungen sind aber ebenso wertvoll:

Wie viel wird wohl ein Trinkpäckchen ungefähr kosten? Mehr oder weniger als ein Euro? Ist es dann nicht besser, direkt mit Cent zu rechnen?

Die Kinder haben ihren Dino aus Draht mit 30 Bögen Tonpappe verkleidet. Das hat sie 36€ gekostet. 8 Bögen brauchen sie jetzt noch.

Deine Frage: ______________________________

______________________________ 1 P.

Raum für deine Überlegungen:

2 P.

Deine Antwort: ______________________________

______________________________ 1 P.

Von 4 Punkten habe ich [Punkte] erreicht.

Tipp!

Euro oder Cent?

Wenn du merkst, dass du es mit Kommazahlen zu tun bekommst, aber dich mit solchen Zahlen noch nicht so sicher fühlst, dann wandle die Größe (hier sind es Euro) in die nächstkleinere Einheit (Cent) um.

Petra kauft 250 g Käse und 125 g Wurstaufschnitt.

Deine Frage: ____________________

____________________ 1 P.

Raum für deine Überlegungen:

5 P.

Deine Antwort: ____________________

____________________ 1 P.

Von 7 Punkten habe ich (Punkte) erreicht.

Vorschlag:

Stell doch einmal eine Preistabelle für verschiedene Mengen an Käse oder Wurstaufschnitt auf. Vielleicht könnt ihr sie ganz gut gebrauchen.

Um den Schuttberg abzutragen, würden 20 Lastwagen 12 Stunden brauchen. Es stehen aber nur 10 Lastwagen zur Verfügung.

Deine Frage: ______________________________ 1 P.

____

Raum für deine Überlegungen:

1 P.

Deine Antwort: ______________________________

______________________________ 1 P.

Von 3 Punkten habe ich (Punkte) erreicht.

Achtung, umdenken!

Hier funktioniert es anders als bei den fünf vorangegangenen Aufgaben. Stell dir die Situation vor und überlege genau.

Lege dann eine Tabelle an. Nun fällt dir der Unterschied zu den anderen Tabellen sicherlich auf.

Graupapagei Coco hatte in seinen beiden Futternäpfen zusammen 81 Sonnenblumenkerne. Aus dem linken Napf mit den weißen Kernen fraß er 29. Von den schwarzen – aus dem anderen Napf – fraß er nur 12. Jetzt sind in beiden Näpfen gleich viele Kerne. Wie viele Kerne waren vorher in jedem Napf?

Raum für deine Überlegungen:

5 P.

Deine Antwort: ______________________________

____

1 P.

Von 6 Punkten habe ich (Punkte) erreicht.

Tipp!

Coco ist ein Genießer. Stell dir die Menge an Sonnenblumenkernen einmal vor, die er insgesamt schon verputzt hat.

Na, hilft dir diese Vorstellung nicht weiter?

Die Herrschaft des bösen Zauberers endet, wenn das Gefäß mit Wasser gefüllt ist. Eine gute Fee lässt jede Nacht 12 Tautropfen mit je 1 ml hineinfallen. Der Zauberer aber zaubert am Tag viel Sonnenschein herbei, der immer etwas Wasser verdunsten lässt. Nach wie vielen Nächten muss der böse Zauberer aufgeben?

Raum für deine Überlegungen:

4 P.

Deine Antwort: ______________________________

____ 2 P.

Von 6 Punkten habe ich ____ Punkte erreicht.

Tipp!

Eine winzige Überlegung oder eine ganz lange Tabelle trennen dich von der Lösung. Egal wie du es machst, wenn du nur dein Ziel erreichst.

Lange Wege kannst du dann nämlich abkürzen, wenn du das Problem durchschaut hast.

Miriam und Roberto haben für ein tolles Spiel gespart.
Miriam hat 3 € weniger als Roberto. Aber zusammen reicht ihr Geld genau. Wie viel Euro hat jeder gespart?

Raum für deine Überlegungen:

3 P.

Deine Antwort: ____________________

____________________ 1 P.

Von 4 Punkten habe ich (Punkte) erreicht.

Tipp!

Wenn man eine Waage ins Gleichgewicht bringen möchte, dann muss man manchmal hier etwas dazutun und dort etwas wegnehmen und dann wieder ...

Rechnen kann man aber auch! Versuche es!

Lösungen und Auswertungen

Blatt 1:
Frage (F):
Wie viel Euro erhält Herr Müller zurück?
Rechnung (R):
151,50 € + 10,95 € + 36,80 € = 199,25 € **(1 P)**
200 € – 199,25 € = 0,75 € **(1 P)**
Antwort (A):
Herr Müller erhält 0,75 Euro zurück.

Blatt 2 :
(K. = Kinder)
R: 26 K. + 24 K.+ 23 K. = 73 K. **(1 P)**
73 · 3 € = 219 € **(1 P)**
Erwachsene: 7 · 6 € = 42 € **(1 P)**
219 € + 42 € = 261 € **(1 P)**
A: Die Fahrt kostet insgesamt 261 €.

Blatt 3:
F: Wie viele Schläger und Bälle erhält jede Klasse?
R: 32 : 8 = 4 (Schläger werden auf 8 Klassen verteilt) **(1 P)**
3 · 4 = 12 (für jeden Schläger in der Klasse gibt es 3 Bälle) **(1 P)**
A: Jede Klasse erhält 4 Schläger und 12 Bälle.

Blatt 4:
F: Wie viele Blumen sind aufgeblüht?
R: 508 – 29 = 479 **(1 P)**
A: 479 Blumen sind aufgeblüht.

Auswertung für den Bereich Rechnen im Zahlenraum bis 1 000 (Blätter 1 bis 4):

Trage hier deine Punkte ein. Zähle sie zusammen und schau nach, wie gut du bist!

Blatt 1: ______ Blatt 2: ______ Blatt 3: ______ Blatt 4: ______

Von insgesamt **16** Punkten habe ich ______ erreicht.

16 bis 13 Punkte:
Prima, der Umgang mit diesen Textaufgaben bereitet dir keine Schwierigkeiten. Du rechnest im Zahlenraum bis 1 000 sicher.

12 und 11 Punkte:
Dir unterlaufen noch Rechenfehler. Auch leichtere Aufgaben musst du konzentriert bearbeiten. Überprüfe besonders die Ergebnisse von Divisionsaufgaben (Teilaufgaben) mit der Probe.

weniger als 11 Punkte:
Du solltest den Umgang mit den Texten noch einmal gut üben. Hierbei helfen dir die Anregungen auf den Rückseiten der Blätter. Achte beim schriftlichen Rechnen auf das stellengenaue Untereinanderschreiben von Kommazahlen (immer in Rechenkästchen rechnen). Wenn dir viele Rechenfehler unterlaufen sind, hilft dir ein zusätzliches Training mit dem Übungsheft der kleinen Lerndrachen: Training Mathematik, (Heft 1), 3. Schuljahr.

Blatt 5:

– Reihenfolge in der Zeichnung:
6 099, 6 100, 6 101 **(1 P)**

A: Leonie hat die Nummer 6 099 und Lars die Nummer 6 101.

Blatt 6:

A: Davor stand die Zahl 79 499 km auf dem Kilometerzähler.

Blatt 7:

F: Wie viele Leute können das Konzert besuchen?

A: 26 100 Leute können das Konzert besuchen.

Auswertung: Orientierung im Zahlenraum über 1 000 (Blätter 5 bis 7):

Trage hier deine Punkte ein. Zähle sie zusammen und schau nach, wie gut du bist!

Blatt 5: ______ Blatt 6: ______ Blatt 7: ______

Von insgesamt **5** Punkten habe ich ______ erreicht.

5 und 4 Punkte:
Toll! Du kannst mit großen Zahlen sicher umgehen.

3 Punkte:
Um deine Sicherheit beim Umgang mit großen Zahlen noch zu erhöhen, solltest du immer wieder Schätzübungen und Überschlagsrechnungen durchführen.

weniger als 3 Punkte:
Die Aufgabentexte hast du sicher richtig verstanden. Aber die Orientierung in höheren Zahlenräumen bereitet dir noch Schwierigkeiten. Übe deshalb mit der Stellenwerttafel und am Zahlenstrahl. Überlege: Was sind Nachbarzahlen, Nachbarzehner und Nachbarhunderter? Übrigens, tolle Übungen zu diesem Bereich findest du in: Das große Trainingsbuch Mathematik 4. Schuljahr, Alles für den Übergang auf weiterführende Schulen.

Blatt 8:

R: 159 · 30 ct = 4 770 ct **(1 P)**
(100 ct = 1 €), also
4 770 ct = 47,70 € **(1 P)**

A: Lukas nahm 47,70 € ein.

Blatt 9:

F: Wie viel Euro nahm der Zirkus ein?

R: 73 · 13 € = 949 € **(1 P)**
98 · 6 € = 588 € **(1 P)**
949 € + 588 € = 1 537 € **(1 P)**

A: Der Zirkus nahm 1 537 € ein.

Blatt 10:

F: Wie viel Euro wurden eingenommen?

R: 115 · 106 € = 12 190 €
(Fernseher, die für 106 € verkauft wurden) **(1 P)**
6 · 96 € = 576 €
(Fernseher, die um 10 € günstiger verkauft wurden. **(1 P)**
12 190 € + 576 € = 12 766 € **(1 P)**

A: Es wurden 12 766 € eingenommen.

Blatt 11:

R: 1 € = 100 ct, also 4,75 € = 475 ct
4,75 € · 23 = 109,25 € **(1 P)**
oder ohne Komma:
475 ct · 23 = 10 925 ct
100 ct = 1 €, also 10 925 ct =
109,25 € **(1 P)**

A: Die Lehrerin muss 109,25 € einsammeln.

Blatt 12:

R: 1 m = 100 cm,
also 22,93 m = 2 293 cm **(1 P)**
2 293 cm · 63 = 144 459 cm **(1 P)**
144 459 cm – 15 cm = 144 444 cm
(1 P)
100 cm = 1 m,
also 144 444 cm = 1 444,44 m **(1 P)**

A: Der Urlaubsbaum ist noch 1 444,44 m entfernt.

Blatt 13:

F: Können alle Kinder gleichzeitig auf die Brücke?

R: Hinweis: Überschlage, damit du später das Komma richtig setzt:
130 · 30 kg = 3 900 kg
127 · 34,8 kg = 4 419,6 kg **(1 P)**
4,5 t = 4 500 kg **(1 P)**

A: Ja, das können sie, denn 4 419,6 kg sind weniger als 4 500 kg.

Blatt 14:

F: Wie viele Regentropfen bilden eine Pfütze?

R: 6 543 Tropfen **:** 3 = 2 181 Tropfen **(1 P)**

A: 2 181 Tropfen bilden eine Pfütze.

Blatt 15:

F: Wie viele Minuten sind 1 140 Sekunden?

R: Überlegung: 1 min = 60 s **(1 P)**
(1 140 s verteilt auf 60-s-Abschnitte)
1 140 s **:** 60 s = 19 **(1 P)**

A: 1 140 Sekunden sind 19 Minuten.

Blatt 16:

F: Wie viel Euro erhält jede Klasse?

R: 2 476 € – 218 € = 2 258 € **(1 P)**
2 258 € **:** 9 = 250 € + 8 **:** 9 oder 250 € Rest 8 (**1 P** für den glatten Betrag und **1 P** für den richtigen Rest)

A: Jede Klasse erhält 250 €. 8 € bleiben übrig.

Blatt 17:

R: 53 525 Plätze **:** 6 = 8 920 Plätze + 5 **:** 6 oder 8 920 Rest 5 (**1 P** für den glatten Betrag und **1 P** für den richtigen Rest)

A: Nein, denn die Blöcke können bei dieser Planung nicht gleich groß sein. Ein Platz mehr wäre gut!

Blatt 18:

F: Wie viel müssten sie bei den verschiedenen Angeboten monatlich jeweils bezahlen?

R: Bei 3 Monatsraten:
1 017 € **:** 3 = 339 € **(1 P)**
Bei 5 Monatsraten:
1 025 € **:** 5 = 205 € **(1 P)**
Bei 7 Monatsraten:
1 036 € **:** 7 = 148 € **(1 P)**

A: Sie müssten pro Monat 339 €, 205 € oder 148 € bezahlen.

Blatt 19:

R: Überlegung: Wenn 8 Kisten 10,56 € kosten, dann kosten 4 Kisten 5,28 € **(1 P)**, 2 Kisten 2,64 € **(1 P)** und 1 Kiste 1,32 € **(1 P)**.
Oder anderer Rechenweg:
1 € = 100 ct,
also 10,56 € = 1 056 ct **(1 P)**
1 056 ct **:** 8 = 132 ct **(1 P)**
132 ct **:** 6 = 22 ct **(1 P)**

A: Eine Flasche kostet 22 ct.

Auswertung: Textaufgaben mit schriftlichem Multiplizieren und Dividieren (Blätter 8 bis 19):

Trage hier deine Punkte ein. Zähle sie zusammen und schau nach, wie gut du bist!

Blatt 8: ______	Blatt 11: ______	Blatt 14: ______	Blatt 17: ______
Blatt 9: ______	Blatt 12: ______	Blatt 15: ______	Blatt 18: ______
Blatt 10: ______	Blatt 13: ______	Blatt 16: ______	Blatt 19: ______

Von insgesamt **48** Punkten habe ich ______ erreicht.

48 bis 39 Punkte:
Schön! Beim schriftlichen Multiplizieren und Dividieren bist du recht sicher. Das Verstehen der Texte bereitet dir keine Schwierigkeiten.

38 bis 32 Punkte:
In diesem Bereich hast du schon viel richtig gemacht. Die Rechenfehler, die bei dir aufgetaucht sind, kannst du durch regelmäßiges Üben des Einmaleins sicher vermeiden. Wenn du manche Texte nicht richtig verstanden hast, lies sie genau und mehrere Male durch. Sie verraten oft den Weg zur Lösung.

weniger als 32 Punkte:
Dir unterlaufen beim schriftlichen Multiplizieren und Dividieren noch viele Fehler. Wenn du die folgenden Ratschläge befolgst, wirst du bald sicherer werden: Wenn du Zahlen aus verschiedenen Stellenwertbereichen – z. B. eine 100er- und eine 10er-Zahl – miteinander multiplizieren sollst, dann stelle die größere Zahl immer an den Anfang. Rechne beim Einkaufen immer grob mit, überschlage. Dann wirst du keine Schwierigkeiten mit der Kommasetzung haben.
Wenn du die Texte nicht immer richtig verstehst, lies sie dir laut vor. Wenn du sie hörst, fällt dir manchmal etwas auf, was du vorher übersehen hast. Unterstreiche wichtige Stellen im Text. Das sind z. B. die Zahlen und Wörter, die auf Rechenarten hindeuten.
Oder übe mit dem großen Trainingsbuch Mathematik 4. Schuljahr, Alles für den Übergang auf weiterführende Schulen.

Blatt 20:

R: Der Laster kann maximal 33 400 kg − 24 700 kg = 8 700 kg transportieren. **(1 P)**
Die Elefanten wiegen zusammen 7 470 kg **(1 P)**. Die Giraffe kann dann noch mit; die Elefanten und die Giraffe wiegen zusammen 8 487 kg. **(1 P)**

A: Der Laster kann die Elefanten und die Giraffe transportieren.

Blatt 21:

R: Unser Kolibri frisst täglich 2 g. **(1 P)**
Ein halbes Kilogramm = 500 g **(1 P)**
(500 g aufgeteilt in 2-g-Häppchen):
500 g **:** 2 g = 250 **(1 P)**

A: Der Kolibri braucht 250 Tage, um 500 g zu futtern.

Blatt 22:

R: 872 km · 16 = 13 952 km **(1 P)**;
804 km · 4 = 3 216 km **(1 P)**
13 952 km + 3 216 km = 17 168 km **(1 P)**

A: Die Reise war insgesamt 17 168 km lang.

Blatt 23:

F: Wie hoch ist der Mount Everest?

R: Alles in m **(1 P)**:
3 200 m + 1 502 m + 4 023 m + 123 m = 8 848 m **(1 P)**
oder alles im km **(1 P)**:
3,200 km + 1,502 km + 4,023 km + 0,123 km = 8,848 km **(1 P)**

A: Der Mount Everest ist 8 848 m (oder 8,848 km) hoch.

Blatt 24:

R: Umwandlung in ml **(1 P)**. 3 000 ml Sprudel und 1 000 ml Kirschsaft ergeben 4 000 ml Limonade. **(1 P)**
0,2 l = 200 ml;
4 000 ml **:** 200 ml = 20 **(1 P)**
Oder anderer Rechenweg:
Umwandlung in l **(1 P)**: 3 l Sprudel und 1 l Kirschsaft ergeben 4 l Limo. **(1 P)**
4 l **:** 0,2 l = 20 **(1 P)**
(4 Liter auf 0,2-Liter-Gläser aufgeteilt ergibt 20 Portionen)

A: Die Limonade reicht für 20 Gläser.

Blatt 25:

F: Nach wie viel Tagen kann sich das Krokodil befreien?

R: Umwandlung in ml:
0,54 l = 540 ml **(1 P)**;
540 ml **:** 12 ml = 45 **(1 P)**

A: Nach 45 Tagen kann sich das Krokodil befreien.

Blatt 26:

F: Wie viel Euro bezahlt Frau Schmidt für alles?

R: Alles in € umwandeln. **(1 P)**
0,85 € + 0,85 € + 3,30 € +
1,80 € + 1,80 € + 0,90 € +
7,50 € + 4,20 € + 1,50 € +
1,50 € = 24,20 € **(1 P)**

A: Frau Schmidt bezahlt für alles 24,20 €.

Blatt 27:

F: Wie viele Scheine und Münzen bekommt Eva?

R: Eva hat zusammen 26,46 €. **(1 P)**
Sie bekommt:

(1 P)

A: Sie bekommt einen 20-Euro-Schein,
einen 5-Euro-Schein,
ein 1-Euro-Stück, zwei 20-Cent-Stücke,
ein 5-Cent- und ein 1-Cent-Stück.

Blatt 28:

F: Wie lange dauerte Leas Sendung?

R: 15.06 Uhr – 11 min in Schritten:
15.06 Uhr – 6 min = 15.00 Uhr **(1 P)**;
15.00 Uhr – 5 min = 14.55 Uhr **(1 P)**
Von 14.20 Uhr bis 14.55 Uhr sind es 35 Minuten. **(1 P)**

A: Die Sendung dauerte 35 Minuten.

Blatt 29:

Abkürzung für Stunde = h

R: 10 · 24 h = 240 h **(1 P)**;
240 · 60 min = 14 400 min **(1 P)**
4 · 60 min = 240 min **(1 P)**;
240 · 60 s = 14 400 s **(1 P)**

A: Tim hatte vor 14 400 Minuten, Rebecca hat in 14 400 Sekunden Geburtstag.

Auswertung Textaufgaben: Rechnen mit Größen (Blätter 20 bis 29):

Trage hier deine Punkte ein. Zähle sie zusammen und schau nach, wie gut du bist!

Blatt 20: ______	Blatt 23: ______	Blatt 26: ______	Blatt 28: ______
Blatt 21: ______	Blatt 24: ______	Blatt 27: ______	Blatt 29: ______
Blatt 22: ______	Blatt 25: ______		

Von insgesamt **42** Punkten habe ich ______ erreicht.

42 bis 34 Punkte:
Toll! Das Textverständnis und der Umgang mit Größen bereitet dir keine Mühe! Versuche, die Fehler, die dir noch unterlaufen, in Zukunft durch konzentriertere Arbeit zu vermeiden.

33 bis 28 Punkte:
Ärgere dich nicht, wenn dir einige Fehler unterlaufen sind. Wenn du dir angewöhnst, alle Rechnungen und die Umwandlungen von Größen noch einmal zu kontrollieren, wirst du demnächst viele Fehler nicht mehr machen. Du solltest dir besonders die Aufgaben mit Kommazahlen noch einmal genau ansehen. Beim Rechnen ist es oft leichter, sie in Zahlen ohne Komma umzuwandeln.

weniger als 28 Punkte:
Du bist in diesem Bereich noch recht unsicher. Für dich ist es wichtig, dir den Zusammenhang der Größenbezeichnungen noch einmal klarzumachen. Schreibe sie dir am besten nach diesem Beispiel auf: 1 km = 1 000 m; 1 m = 100 cm; usw. Lege auch Stellenwerttafeln an, wie du sie z. B. auf der Rückseite von Blatt 23 findest. Leichte Übungen dazu findest du übrigens auch in: Das große Trainingsbuch Mathematik 3. Schuljahr, Der komplette Lernstoff in einem Band.
Waren dir die Texte nicht immer klar, dann solltest du mit einem Freund oder deinem Vater oder deiner Mutter darüber reden. Durch diese Hilfe lernst du auch dazu.

Blatt 30:

R: 26 ← (: 4) ← 104 ← (+ 8) ← 96 ← (· 2) ← 48 **(3 P)**

A: Meine Zahl heißt 26.

Blatt 31:

R: Die richtigen Rechenoperationen aus dem Text herausfinden und wegen der Rückrechnung umkehren: + 3, – 5, · 2 **(1 P)**

12 ← (+ 3) ← 9 ← (– 5) ← 14 ← (· 2) ← 7 **(3 P)**

A: Am Anfang hatte Adriana 12 Bonbons.

Blatt 32:

R: Überlege:
Welche Zahl, zu der man 3 addiert, ist größer als 40 (> 40) und kleiner als 50 (< 50) und kann dann auch noch ohne Rest durch 6 geteilt werden?
42 und 48
$40 < 42 < 50$ und $40 < 48 < 50$ **(1 P)**;
$42 - 3 = 39$ **(1 P)**; $48 - 3 = 45$ **(1 P)**

A: Im Augenblick könnte Manuel 39 € oder 45 € haben.

Blatt 33:

R: Überlege:
Wenn Simone 6 € im Monat spart, hat sie nach 5 Monaten 30 €.
Wenn sie 8 € im Monat spart, hat sie nach 5 Monaten 40 €.
$5 \cdot 6\ € = 30\ €$ **(1 P)**;
$5 \cdot 8\ € = 40\ €$ **(1 P)**
Das sind jeweils mehr als 25 € und weniger als 50 €.
$25\ € < 30\ € < 50\ €$ und
$25\ € < 40\ € < 50\ €$ **(1 P)**
6 € sind drei 2-Euro-Münzen;
8 € sind vier 2-Euro-Münzen **(1 P)**

A: Simone hat jeden Monat drei oder vier 2-Euro-Münzen gespart.

Auswertung: Textaufgaben mit Gleichungen und Ungleichungen (Blätter 30 bis 33):

Trage hier deine Punkte ein. Zähle sie zusammen und schau nach, wie gut du bist!

Blatt 30: ______ Blatt 31: ______ Blatt 32: ______ Blatt 33: ______

Von insgesamt **18** Punkten habe ich ______ erreicht.

18 bis 15 Punkte:
Super! Selbst knifflige Aufgaben löst du leicht. Du hast bestimmt Spaß an Mathematik!

14 bis 12 Punkte:
Du hast möglicherweise noch einige Schwierigkeiten, Texte in Rechenaufgaben zu übersetzen. Es war bei den Aufgaben teilweise nötig, Umkehroperationen zu benutzen. Dabei musst du aber bedenken, dass sich dann auch die Rechenart umkehrt!

weniger als 12 Punkte:
Zugegeben, diese Aufgaben sind wirklich nicht einfach. Du musst dir klarmachen, was ein Platzhalter ist, was die Zeichen < und > bedeuten und was du bei Umkehraufgaben beachten musst. Schau dir besonders noch einmal die Rückseite von Blatt 30 an. Wenn du den Umgang mit diesem Rechenmodell richtig verstanden hast, werden dir in Zukunft solche Aufgaben viel leichter fallen.

Blatt 34:

F: Wie viel l Benzin verbrauchte er auf 385 km?

R: Rechenweg 1:

Strecke (km)	Benzin (l)
100	**6,4**
300 (· 3)	19,2 (· 3)
50 (: 2)	3,2 (: 2)
30 (: 10)	1,92 (: 10)
5 (: 10)	0,32 (: 10)

(4 P)

Rechenweg 2:

Für 300 km braucht er
3 · 6,4 l = 19,2 l. **(1 P)**
Für 30 km braucht er
19,2 l : 10 = 1,92 l. **(1 P)**
Für 50 km braucht er
6,4 l : 2 = 3,2 l. **(1 P)**
Für 5 km braucht er
3,2 l : 10 = 0,32 l **(1 P)**
Beide Rechenwege:
19,2 l + 1,92 l + 3,2 l + 0,32 l = 24,64 l **(1 P)**

A: Er verbrauchte 24,64 l auf 385 km.

Blatt 35:

F: Wie viele Karten werden bis zu den Betriebsferien hergestellt?

R: Rechenweg 1:

Tage	Karten
30	**1 980**
90 (· 3)	5 940 (· 3)
6 (: 5)	396 (: 5)

(2 P)

5 940 K. + 396 K. = 6 336 K. **(1 P)**

Rechenweg 2:

3 · 30 Tage plus 6 Tage = 96 Tage **(1 P)**
1 980 Karten : 30 = 66 Karten pro Tag **(1 P)**
66 Karten · 96 = 6 336 Karten **(1 P)**

A: Bis zu den Betriebsferien werden 6 336 Karten hergestellt.

Blatt 36:

R: 70 Trinkpäckchen wurden für
21 € = 2 100 ct gekauft. **(1 P)**
21 € : 70 = 0,30 € oder 2 100 ct : 70 = 30 ct kostet 1 Päckchen. **(1 P)**
Klassenkasse 4a: 0,3 € · 30 = 9 € oder 30 ct · 30 = 900 ct **(1 P)**
Klassenkasse 4b: 0,3 € · 40 = 12 € oder 30 ct · 40 = 1 200 ct **(1 P)**

A: Klasse 4a bezahlt 9 €, Klasse 4b 12 €.

Blatt 37:

F: Wie viel Euro kosten die 8 Bögen Tonpappe?

R: 36 € = 3 600 ct. Ein Bogen kostet
36 € : 30 = 1,20 € oder
3 600 ct : 30 = 120 ct **(1 P)**
8 Bögen kosten 1,20 € · 8 = 9,60 € oder
120 ct · 8 = 960 ct **(1 P)**

A: 8 Bögen Tonpappe kosten 9,60 €.

Blatt 38:

F: Wie viel bezahlt Petra für Käse und Wurstaufschnitt?

R: Rechenweg 1:

Käse (g)	Preis (€)	Aufschnitt (g)	Preis (€)
100	0,72	100	0,84
200 (· 2)	1,44 (· 2)	25 (: 4)	0,21 (: 4)
50 (: 2)	0,36 (: 2)		

(2 P) **(1 P)**

Rechenweg 2:

200 g Käse kosten 0,72 € · 2 = 1,44 €. **(1 P)**
50 g Käse kosten 0,72 € : 2 = 0,36 €. **(1 P)**
25 g Wurstaufschnitt kosten 0,84 : 4 = 0,21 €. **(1 P)**

Rechenweg 1 und 2:
250 g Käse kosten 1,44 € + 0,36 € = 1,80 €. **(1 P)**
125 g Wurstaufschnitt kosten 0,84 € + 0,21 € = 1,05 €. **(1 P)**
A: Petra bezahlt 1,80 € für den Käse und 1,05 € für den Wurstaufschnitt.

Blatt 39:
F: Wie viele Stunden brauchen 10 Lkw?
R: 10 Lkw brauchen doppelt so viel Zeit wie 20 Lkw, also 12 · 2 Stunden = 24 Stunden. **(1 P)**
A: 10 Lkw benötigen 24 Stunden.

Auswertung: Textaufgaben mit Schlussrechnung (Blätter 34 bis 39):

Trage hier deine Punkte ein. Zähle sie zusammen und schau nach, wie gut du bist!

Blatt 34: ______ Blatt 36: ______ Blatt 38: ______ Blatt 39: ______

Blatt 35: ______ Blatt 37: ______

Von insgesamt **31** Punkten habe ich ______ erreicht.

31 bis 25 Punkte:
Fein! Du kannst von einem Wert auf einen anderen schließen. Du verstehst die Aufgabenstellungen, und der Umgang mit Tabellen bereitet dir keine Schwierigkeiten!

24 bis 20 Punkte:
Im Grunde hast du die Schlussrechnung verstanden. Die Tabellen sind dir geläufig. Aber denke auch an die Umwandlung in kleinere Größen, z. B. von € in ct, weil du dann ohne Kommas rechnen kannst. Besonders bei der Division ist das sehr hilfreich. Rechenfehler kannst du vermeiden. Überschläge und Probeaufgaben sind auch in diesem Bereich ganz wichtig. Arbeite bitte immer mit diesen Mitteln.

weniger als 22 Punkte:
Mit Tabellen gehst du noch nicht sicher um. Schau dir deshalb noch einmal die Tabellen in den Lösungen zu diesem Kapitel an. Hier siehst du, dass jeder Rechenschritt, der auf der linken Seite der Tabelle durchgeführt wurde, auch auf der rechten Seite durchgeführt werden muss. In mehreren kleinen Rechenschritten kannst du dich so zur Lösung vorarbeiten. Tipp: Schau in Geschäften, was manche Sachen kosten. Überlege dann, was die Hälfte oder das Doppelte kosten muss. Lege zu Hause kleine Tabellen dazu an, z. B.

Schreibhefte	Preis (€)
10 : 2	**5,60** : 2
5 · 2	? · 2
20	?

Wenn du beim Rechnen mit Kommazahlen noch nicht sicher bist, dann wandle sie in eine kleinere Größe um. Vergiss nicht, die Lösung wieder in die ursprüngliche Größe umzuwandeln!

Blatt 40:

R: Coco frisst insgesamt 29 Kerne + 12 Kerne = 41 Kerne. **(1 P)**
81 Kerne – 41 Kerne = 40 Kerne sind noch übrig. **(1 P)**
Also sind noch 20 in jedem Napf. **(1 P)**
20 weiße Kerne + 29 weiße Kerne = 49 weiße Kerne **(1 P)**
20 schwarze Kerne + 12 schwarze Kerne = 32 schwarze Kerne. **(1 P)**

A: Coco hatte am Anfang 49 weiße und 32 schwarze Sonnenblumenkerne.

Blatt 41:

R: Überlegungen: In der 1. Nacht hat die Fee das Gefäß mit 12 ml gefüllt. **(1 P)**
Danach waren es immer nur 9 ml, weil der Zauberer pro Tag 3 ml verdunsten ließ. **(1 P)**
Umwandlung in ml: 1 l = 1 000 ml, also 0,54 l = 540 ml **(1 P)**
540 ml aufgeteilt in 9-ml-Portionen = 60 Portionen **(1 P)**

A: Nach 60 Nächten waren 540 ml Wasser im Gefäß **(1 P)** und zusätzlich 3 ml aus der 1. Nacht. **(1 P)**

Blatt 42:

R: Wenn beide gleich viel Geld hätten, hätte jeder 8,95 € (= 17,90 € : 2). **(1 P)**
Ziehst du von Miriams Hälfte nun 1,50 € ab **(1 P)** und gibst diese 1,50 € zu Robertos Hälfte hinzu, beträgt nun der Unterschied 3 €. **(1 P)**
8,95 € – 1,50 € = 7,45 €;
8,95 € + 1,50 € = 10,45 €.

A: Roberto hat 10,45 €, Miriam hat 7,45 € gespart.

Auswertung für komplexe Textaufgaben (Blätter 40 bis 42):

Trage hier deine Punkte ein. Zähle sie zusammen und schau nach, wie gut du bist!

Blatt 40: _______ Blatt 41: _______ Blatt 42: _______

Von insgesamt **16** Punkten habe ich ______ erreicht.

16 bis 13 Punkte:
Dir macht das Tüfteln und Knobeln bei komplexeren Textaufgaben Spaß! Auch andere Textaufgaben dürften dir kaum Schwierigkeiten bereiten.

12 und 11 Punkte:
Du hast schon gute Überlegungen gezeigt. Vielleicht sind dir noch Rechenfehler oder der eine oder andere Denkfehler unterlaufen. Es ist immer gut, an solch komplexe Textaufgaben zeichnerisch heranzugehen. Rechenstrich oder eigene Einfälle bringen dich dabei weiter.

weniger als 11 Punkte:
Sei nicht traurig. Diese Aufgaben sind recht knifflig. Um hier sicherer zu werden, musst du dir viel Zeit nehmen und mit den gezeigten Möglichkeiten (Tabellen, Tipps, Rechenstrich, Zeichnungen) weiterüben. Es ist auch sehr hilfreich, wenn du solche Aufgaben mit Freunden besprichst. Im Team ergeben sich oft mehr Ideen, die gemeinsam zur Lösung führen.

Gesamtauswertung für den Testblock

„Textaufgaben 4. Schuljahr“:

176 bis 144 Punkte:
Du liebst die Herausforderung bei Textaufgaben. Es fällt dir leicht, Texte in Rechenaufgaben umzuwandeln, Probleme zu erkennen und Lösungswege zu finden. Prima, mach weiter so!

143 bis 116 Punkte:
Du hast dir die Lösung für so manche schwierige Aufgabe ertüftelt. Und das ist genau der richtige Weg. Lass dich in Zukunft nicht von scheinbar komplizierten Problemen abschrecken, sondern gehe sie konzentriert und überlegt an, wie du es hier schon bei einer Reihe von Aufgaben gezeigt hast.

weniger als 116 Punkte:
Textaufgaben bereiten dir noch Mühe. Das kann sowohl am Textverständnis als auch an Rechenunsicherheiten oder an der Findung von Lösungswegen liegen. Vielleicht hast du dich auch nicht genügend konzentriert. Das ist aber kein Grund, traurig zu sein. Du musst eben für diesen Bereich der Mathematik noch gründlich üben. Versuche immer wieder die Aufgabenstellung zu zeichnen, damit du dir das Problem besser vorstellen kannst.
Ganz ehrlich: Mit Übung lässt sich nicht alles, aber sehr viel erreichen. Gehe immer mal wieder eine der Aufgaben durch und versuche, dir den Lösungsweg klarzumachen. Lass dir dabei ruhig helfen. Wenn du an weiteren Textaufgaben üben möchtest, dann sind diese Hefte hilfreich für dich: Training Mathematik, Textaufgaben, 4. Schuljahr oder Das große Trainingsbuch Mathematik, 4. Schuljahr (Alles für den Übergang auf weiterführende Schulen).